茶書舊語

茶書雋語

鄭培凱 編選

商務印書館

系列序言

吳瑞卿

書海無涯，知識爆炸，正是今天出版界和讀者的困惑之一。如何能夠在快速的生活節奏下，舉重若輕地把知識的精華獻給讀者是極大的挑戰，況且還期望引起讀者更深、更廣的閱讀興趣？雋永系列就是在這種挑戰下構思的。

雋永系列涵蓋豐富多元的選題，邀請底蘊深厚的特約編者精心選輯，務求所摘零篇短語，蘊含精闢的見解與道理。我們希望每一本小書既是選題領域的入門階，也是讀者就手翻閱的參考。

千錘百鍊的精華，經得起歲月的考驗，是為雋永。雋永系列不是「即食文化」，而是千百年來文化積累的生活智慧，是一種另類導賞，讓讀者輕鬆愉悅地閱讀，樂享前人的經驗和心血結晶。用流行的概念來說，是通識教育的分題小課本。

雋永系列的選題將是讀者會感興趣，並與生活文化有關的，既有學，也有術，歷久常新。例如：「……春天吃龍蝦，一定要吃母龍蝦，才是佳品……母蝦的爪最末的一隻指尖是孖生的，因此內行人買龍蝦要選孖指龍蝦。」（《食經雋語》摘錄陳夢因《食經》）、「茶宜常飲，不宜多飲。常飲則心肺清涼，煩鬱頓釋；多飲則微傷脾腎，或泄或寒。」（《茶書雋語》摘錄明許次紓《茶疏》）。讀者或視為常識，或問其科學理據，或提起興趣追尋內容更廣、更深的讀物。

小書能引發讀者實踐的興趣，進一步思考和研究，更是策劃編輯之所願。

前言

鄭培凱

茶樹的人工種植與茶飲的品賞，是中華文明的一大發現，與絲綢、瓷器鼎足而三，為人類物質文明的進步作出了偉大的貢獻，也為人們日常生活增添了無限情趣。唐代陸羽撰作《茶經》，是人類第一次總結種茶、製茶及飲茶的經驗而成書，肇始了茶書撰述的歷史。此後，歷代都有懂茶的文人學士著作茶書，記述茶葉種植、採摘、製作、烹泡、品味、賞鑒的過程，也書寫了個人從中所得的審美體驗，提供了藝術境界的開拓。

中國茶飲之道，唐宋以團茶研末法為主，明清之後茶芽沖泡法蔚為主流，從製作到品賞都有了極大的改變。從文化形態的發展來看，是口味品賞與炒製技術相互影響，進一步發揮了茶葉本質所展示的官能美感，也可說是高度結合了茶飲的物質基礎及品味的藝術境界。由於茶葉的質地與茶飲方式不同，唐宋茶道與明清茶道自然有所不同，藝術品賞的着眼點也就不同。本書分成唐宋與明清兩大部分，也做了明確與清晰的劃分，以免讀者混淆。由此分界，也可看出日本茶道基本承襲中國的唐宋茶道而延續至今，而中國茶道則從唐宋到明清出現了劃時代轉折。

本書所選雋語一百餘則，是從歷代上百本茶書中精選出來，借鑒古人的智慧及藝術體會，供現代讀者理解茶飲歷史及品賞之道。所用的底本是本人與朱自振編著的《中國歷代茶書匯編校注本》（香港，商務印書館出版）。該書彙集了唐代至民國的一一四種茶書，是迄今最為完備的茶書總匯。若是讀了這本雋語，對中國茶道的多元多樣發展產生了興趣，或想深入理解雋語的蘊意，不妨參考原書。

本書體例：

1.（）裏的文字為編注

2. 標上「●」為該句重點，以便讀者理解句子的意思。

目錄

唐宋茶書

茶之本◎如何判別好茶？關於品質、造茶和功用。

泡茶訣 ◎ 如何烹泡出好茶？關於方法和擇水。

善其事 ◎ 如何使茶、器相得益彰？關於茶具。

明清茶書

茶之本◎如何判別好茶？關於品質、造茶和功用。

泡茶訣 ◎如何烹泡出好茶？關於方法和擇水。

善其事 ◎如何使茶、器相得益彰？關於茶具。

喫茶去 ◎ 如何品嚐茶的真滋味？關於品賞好茶。

遊於藝◎如何增添茶趣？關於生活情調。

唐宋茶書

◎茶之本

如何判別好茶？關於品質、造茶和功用。

◎泡茶訣

如何烹泡出好茶？關於方法和擇水。

◎善其事

如何使茶、器相得益彰？關於茶具。

◎喫茶去

如何品嚐茶的真滋味？關於品賞好茶。

◎遊於藝

如何增添茶趣？關於生活情調。

南方嘉木

茶者，南方之嘉木也。一尺、二尺乃至數十尺。其巴山峽川，有兩人合抱者，伐而掇之。

——陸羽《茶經》

建安之精品稀少

然建安之茶，散天下者不為少，而得建安之精品不為多，蓋有得之者，亦不能辨，能辨矣，或不善於烹試，善烹試矣，或非其時，猶不善也，況非其賓乎？然未有主賢而賓愚者也。夫惟知此，然後盡茶之事。

——黃儒《品茶要錄》

白茶如玉之在璞

白茶自為一種，與常茶不同。其條敷闡，其葉瑩薄。崖林之間偶然生出，蓋非人力所可致，正焙之有者不過四五家，〔生者〕不過一二株，所造止於二三胯而已。芽英不多，尤難蒸焙。湯火一失，則已變而為常品。須製造精微，**運度得宜，則表裏昭澈，如玉之在璞，他無與倫也。**淺焙亦有之，但品格不及。

——趙佶（宋徽宗）《大觀茶論》

以水芽為上

茶有小芽，有中芽，有紫芽，有白合，有烏蔕，此不可不辨。小芽者，其小如鷹爪……

剔取其精英，僅如鍼小，謂之水芽，是芽中之最精者也。中芽，古謂一鎗一旗是也。紫芽，葉之紫者是也。白合，乃小芽有兩葉抱而生者是也。烏蔕，茶之蔕頭是也。

凡茶以水芽為上，小芽次之，中芽又次之，紫芽、白合、烏蔕，皆在所不取。

——趙汝礪《北苑別錄》

入雜

物固不可以容偽，況飲食之物，尤不可也。故茶有入他葉者，建人號為「入雜」。銙列入柿葉，常品入桴、檻葉。二葉易致，又滋色澤，園民欺售直而為之。試時無粟紋甘香，盞面浮散，隱如微毛，或星星如纖絮者，入雜之病也。善茶品者，側盞視之，所入之多寡，從可知矣。

——黃儒《品茶要錄》

觀茶如觀人

茶色貴白，而餅茶多以珍膏油其面，故有青黃紫黑之異。善別茶者，正如相工之視人氣色也，隱然察之於內，以肉理實潤者為上。既已末之，黃白者受水昏重，青白者受水鮮明，故建安人鬥試，以青白勝黃白。

——蔡襄《茶錄》

得於佳時茶色鮮白

凡試時泛色鮮白，隱於薄霧者，得於佳時而然也；有造於積雨者，其色昏黃；或氣候暴暄，茶芽蒸發，採工汗手薰漬，揀摘不給，則製造雖多，皆為常品矣。試時色非鮮白、水腳微紅者，過時之病也。

——黃儒《品茶要錄》

點茶之色

點茶之色，以純白為上真，青白為次，灰白次之，黃白又次之。天時得於上，人力盡於下，茶必純白。天時暴暄，芽萌狂長，採造留積，雖白而黃矣。青白者，蒸壓微生；灰白者，蒸壓過熟。壓膏不盡則色青暗，焙火太烈則色昏赤。

——趙佶（宋徽宗）《大觀茶論》

茶有真香

茶有真香，非龍麝可擬。要須蒸及熟而壓之，及乾而研，研細而造，則和美具足，入盞則馨香四達，秋爽灑然。或蒸氣如桃仁夾雜，則其氣酸烈而惡。

——趙佶（宋徽宗）《大觀茶論》

於驚蟄前後採茶

建溪茶，比他郡最先，北苑、壑源者尤早。歲多暖，則先驚蟄十日即芽；歲多寒，則後驚蟄五日始發。先芽者，氣味俱不佳，唯過驚蟄者最為第一。民間常以驚蟄為候。諸焙後北苑者半月，去遠則益晚。

——宋子安《東溪試茶錄》

茶之功用

茶之為用，味至寒，為飲，最宜精行儉德之人。若熱渴、凝悶，腦疼、目澀，四肢煩、百節不舒，聊四五啜，與醍醐、甘露抗衡也。

——陸羽《茶經》

飲茶有藥用

《〔唐〕本草・木部》：茗，苦茶。味甘苦，微寒，無毒。主瘻瘡，利小便，去痰渴熱，令人少睡。秋採之苦，主下氣消食。注云：「春採之。」

——陸羽《茶經》

飲茶有法

飲有觕茶、散茶、末茶、餅茶者，乃斫、乃熬、乃煬、乃舂，貯於瓶缶之中，以湯沃焉，謂之痷茶。或用蔥、薑、棗、橘皮、茱萸、薄荷之等，煮之百沸，或揚令滑，或煮去沫。斯溝渠間棄水耳，而習俗不已。

——陸羽《茶經》

茶不入香

茶有真香，而入貢者微以龍腦和膏，欲助其香。建安民間試茶，皆不入香，恐奪其真。若烹點之際，又雜珍果香草，其奪益甚，正當不用。

——蔡襄《茶錄》

候湯最難

候湯最難，未熟則沫浮，過熟則茶沉。前世謂之「蟹眼」者，過熟湯也。況瓶中煮之，不可辨，故曰候湯最難。

——蔡襄《茶錄》

茶湯適中

茶少湯多，則雲腳散；湯少茶多，則粥面聚。

——蔡襄《茶錄》

點茶要訣

以湯注之，手重筅輕，無粟文蟹眼者，謂之靜面點……有隨湯擊拂，手筅俱重，立文泛泛，謂之一發點……妙於此者，量茶受湯，調如融膠。環注盞畔，勿使侵茶。勢不欲猛，先須攪動茶膏，漸加擊拂，手輕筅重，指遶腕旋，上下透徹，如酵蘗之起麵，疏星皎月，燦然而生，則茶面根本立矣。

——趙佶（宋徽宗）《大觀茶論》

用水

其水，用山水上，江水中，井水下。其山水，揀乳泉、石池慢流者上；其瀑湧湍漱，勿食之，久食令人有頸疾。又多別流於山谷者，澄浸不泄，自火天至霜降以前，或潛龍蓄毒於其間，飲者可決之，以流其惡，使新泉涓涓然，酌之。其江水取去人遠者，井取汲多者。

——陸羽《茶經》

天下水等

〔劉諱伯芻〕為學精博，頗有風鑒，稱較水之與茶宜者，凡七等：

揚子江南零水第一；

無錫惠山寺石水第二；

蘇州虎丘寺石水第三；

丹陽縣觀音寺水第四；

揚州大明寺水第五；

吳松江水第六；

淮水最下，第七。

——張又新《煎茶水記》

陸羽知水

余嘗讀《茶經》，愛陸羽善言水。後得張又新《水記》，載劉伯芻、李季卿所列水次第，以為得之於羽，然以《茶經》考之，皆不合。又新，妄狂險譎之士，其言難信，頗疑非羽之說。及得浮槎山水，然後益知羽為知水者。

——歐陽修《浮槎山水記》

水泉不甘，能損茶味

茶味主於甘滑，唯北苑鳳凰山連屬諸焙所產者味佳。隔谿諸山，雖及時加意製作，色、味皆重，莫能及也。又有水泉不甘，能損茶味，前世之論水品者以此。

——蔡襄《茶錄》

品水

水以清輕甘潔為美，輕甘乃水之自然，獨為難得。古人第水雖曰中泠、惠山為上，然人相去之遠近，似不常得。但當取山泉之清潔者，其次，則井水之常汲者為可用。若江河之水，則魚鱉之腥，泥濘之汙，雖輕甘無取。

——趙佶（宋徽宗）《大觀茶論》

邢瓷不如越瓷

碗，越州上，鼎州次，婺州次；岳州次，壽州、洪州次。或者以邢州處越州上，殊為不然。若邢瓷類銀，越瓷類玉，邢不如越一也；若邢瓷類雪，則越瓷類冰，邢不如越二也；邢瓷白而茶色丹，越瓷青而茶色綠，邢不如越三也。

——陸羽《茶經》

青瓷益茶

越州瓷、岳瓷皆青，青則益茶。茶作白紅之色。邢州瓷白，茶色紅；壽州瓷黃，茶色紫；洪州瓷褐，茶色黑；悉不宜茶。

——陸羽《茶經》

纏口湯

猥人俗輩，煉水之器，豈暇深擇銅鐵鉛錫，取熱而已。夫是湯也，腥苦且澀，飲之逾時，惡氣纏口而不得去。

——蘇廙《十六湯品》

熁烤茶盞

凡欲點茶，先須熁盞令熱，冷則茶不浮。

——蔡襄《茶錄》

建安茶盞

茶色白，宜黑盞，建安所造者，紺黑，紋如兔毫，其坯微厚，熁之久熱難冷，最為要用。出他處者，或薄，或色紫，皆不及也。其青白盞，鬥試家自不用。

——蔡襄《茶錄》

茶盞之大小

盞色貴青黑，玉毫條達者為上，取其煥發茶采色也。底必差深而微寬，底深則茶直立，易以取乳；寬則運筅旋徹，不礙擊拂。然須度茶之多少，用盞之小大。盞高茶少，則掩蔽茶色；茶多盞小，則受湯不盡。盞惟熱，則茶發立耐久。

——趙佶（宋徽宗）《大觀茶論》

茶性儉

茶性儉，不宜廣，〔廣〕則其味黯澹。且如一滿碗，啜半而味寡，況其廣乎！

——陸羽《茶經》

茶以味為上

夫茶以味為上，甘香重滑，為味之全，惟北苑、壑源之品兼之。其味醇而乏風骨者，蒸壓太過也。茶槍乃條之始萌者，木性酸，槍過長，則初甘重而終微澀。茶旗乃葉之方敷者，葉味苦，旗過老，則初雖留舌而飲徹反甘矣。此則芽胯有之，若夫卓絕之品，真香靈味，自然不同。

——趙佶（宋徽宗）《大觀茶論》

沫餑，湯之華也

凡酌，置諸碗，令沫餑均。沫餑，湯之華也。華之薄者曰沫，厚者曰餑。細輕者曰花，如棗花漂漂然於環池之上；又如迴潭曲渚青萍之始生；又如晴天爽朗有浮雲鱗然。

——陸羽《茶經》

斟酌碗數

夫珍鮮馥烈者，其碗數三。次之者，碗數五。若坐客數至五，行三碗；至七，行五碗；若六人已下，不約碗數，但闕一人而已，其雋永補所闕人。

——陸羽《茶經》

茶有九難

茶有九難：一曰造，二曰別，三曰器，四曰火，五曰水，六曰炙，七曰末，八曰煮，九曰飲。陰採夜焙，非造也；嚼味嗅香，非別也；羶鼎腥甌，非器也；膏薪庖炭，非火也；飛湍壅潦，非水也；外熟內生，非炙也；碧粉縹塵，非末也；操艱攪遽，非煮也；夏興冬廢，非飲也。

——陸羽《茶經》

生成盞

饌茶而幻出物象於湯面者，茶匠通神之藝也。沙門福全生於金鄉，長於茶海，能注湯幻茶，成一句詩，並點四甌，共一絕句，泛乎湯表。小小物類，唾手辦耳。檀越日造門求觀湯戲，全自詠曰：「生成盞裏水丹青，巧畫工夫學不成。卻笑當時陸鴻漸，煎茶贏得好名聲。」

——陶穀《茗荈錄》

茶百戲

茶至唐始盛。近世有下湯運匕，別施妙訣，使湯紋水脈成物象者，禽獸蟲魚花草之屬，纖巧如畫。但須臾即就散滅。此茶之變也，時人謂之「茶百戲」。

——陶穀《茗荈錄》

漏影春

漏影春法，用鏤紙貼盞，糝茶而去紙，偽為花身；別以荔肉為葉，松實、鴨腳之類珍物為蕊，沸湯點攪。

——陶穀《茗荈錄》

明清茶書

◎茶之本

如何判別好茶？關於品質、造茶和功用。

◎泡茶訣

如何烹泡出好茶？關於方法和擇水。

◎善其事

如何使茶、器相得益彰？關於茶具。

◎喫茶去

如何品嚐茶的真滋味？關於品賞好茶。

◎遊於藝

如何增添茶趣？關於生活情調。

閩廣瘴癘

茶自浙以北皆較勝，惟閩、廣以南，不惟水不可輕飲，而茶亦當慎之。余見其地多瘴癘之氣，染著草木，北人食之，多致成疾，故謂人當慎之。要須採摘得宜，待其日出，山霽露收嵐淨可也。

——田藝蘅《煮泉小品》

茶性淫

茶性淫，易於染著，無論腥穢及有氣之物，不得與之近。即名香亦不宜相雜。茶內投以果核及鹽椒、薑、橙等物，皆茶厄也。茶採製得法，自有天香，不可方擬。

——羅廩《茶解》

冒充龍井

杭之龍泓（即龍井也），茶真者，天池不能及也。山中僅有一二家炒法甚精，近有山僧焙者亦妙，但出龍井者方妙。而龍井之山不過十數畝，外此有茶，似皆不及。附近假充猶之可也，至於北山西溪，俱充龍井，即杭人識龍井茶味者亦少，以亂真多耳。

——高濂《茶箋》

羅岕茶

介於山中，謂之岕，羅氏隱焉，故名羅。然岕故有數處，今惟洞山最佳。……要之，採之以時，製之盡法，無不佳者。其韻致清遠，滋味甘香，清肺除煩，足稱仙品，此自一種也。若在顧渚，亦有佳者，人但以水口茶名之，全與岕別矣。

——許次紓《茶疏》

六安產茶

天下名山，必產靈草。江南地暖，故獨宜茶，大江以北，則稱六安……其實產霍山縣之大蜀山也。茶生最多，名品亦振，河南、山、陝人皆用之。南方謂其能消垢膩、去積滯，亦共寶愛。顧彼山中不善製造，就於食鐺大薪炒焙，未及出釜，業已焦枯，詎堪用哉？兼以竹造巨筍，乘熱便貯，雖有綠枝紫筍，輒就萎黃，僅供下食，奚堪品鬬。

——許次紓《茶疏》

江南名茶

江南之茶，唐人首稱陽羨，宋人最重建州，於今貢茶，兩地獨多。陽羨僅有其名，建茶亦非最上，惟有武夷雨前最勝。近日所尚者，為長興之羅岕，疑即古人顧渚紫筍也。

——許次紓《茶疏》

各地名茶

茶之所產，無處不有，而品之高下，鴻漸載之甚詳。然所詳者，為昔日之佳品矣，而今則更有佳者焉。若吳中虎丘者上，羅岕者次之，而天池、龍井、伏龍則又次之。新安松蘿者上，朗源滄溪次之，而黃山磻溪則又次之。彼武夷、雲霧、雁蕩、靈山諸茗，悉為今時之佳品。至金陵攝山所產，其品甚佳，僅僅數株，然不能多得。

——黃龍德《茶說》

真虎丘、真松蘿

其真虎丘，色猶玉露，而泛時香味，若將放之橙花，此茶之所以為美。真松蘿出自僧大方所製，烹之色若綠筠，香若蘭蕙，味若甘露，雖經日而色、香、味竟如初烹而終不易。若泛時少頃而昏黑者，即為宣池偽品矣。試者不可不辨。又有六安之品，盡為僧房道院所珍賞，而文人墨士，則絕口不談矣。

——黃龍德《茶說》

碧蘿春為上

茶以蘇州碧蘿春為上，不易得，則天池，次則杭之龍井；岕茶稍粗，或有佳者，未之見。次六安之青者，若武夷、君山、蒙頂，亦止聞名。

——震鈞《茶說》

花茶

今人以果品換茶，莫若梅、桂、茉莉三花最佳。可將蓓蕾數枚投於甌內罨之，少頃，其花自開，甌未至唇，香氣盈鼻矣。

——朱權《茶譜》

熏香茶法

百花有香者皆可。當花盛開時，以紙糊竹籠兩隔，上層置茶，下層置花。宜密封固，經宿開換舊花；如此數日，其茶自有香味可愛。有不用花，用龍腦熏者亦可。

——朱權《茶譜》

蓮花茶

於日未出時，將半含蓮花撥開，放細茶一撮納滿蕊中，以麻皮略縶，令其經宿。次早摘花，傾出茶葉，用建紙包茶焙乾。再如前法，又將茶葉入別蕊中，如此數次，取其焙乾收用，不勝香美。

——顧元慶、錢椿年《茶譜》

各色花茶

木樨、茉莉、玫瑰、薔薇、蘭蕙、菊花、梔子、木香、梅花皆可作茶。諸花開時，摘其半含半放，蕊之香氣全者，量其茶葉多少，摘花為茶。花多則太香而脱茶韻；花少則不香而不盡美。三停茶葉一停花始稱。

——顧元慶、錢椿年《茶譜》

雨前茶

於穀雨前，採一槍一葉者製之為末，無得膏為餅，雜以諸香，失其自然之性，奪其真味；大抵味清甘而香，久而回味，能爽神者為上。……雖世固不可無茶，然茶性涼，有疾者不宜多食。

——朱權《茶譜》

芽茶天然

茶之團者、片者，皆出於碾磑之末，既損真味，復加油垢，即非佳品，總不若今之芽茶也，蓋天然者自勝耳。

——田藝蘅《煮泉小品》

今古製法

古人製茶，尚龍團鳳餅，雜以香藥。蔡君謨諸公，皆精於茶理，居恆鬥茶，亦僅取上方珍品碾之，未聞新制。若漕司所進第一綱名北苑試新者，乃雀舌、冰芽。所造一夸之直至四十萬錢，僅供數盂之啜，何其貴也。然冰芽先以水浸，已失真味，又和以名香，益奪其氣，不知何以能佳。不若近時製法，旋摘旋焙，香色俱全，尤蘊真味。

——許次紓《茶疏》

炒茶有道

炒茶，鐺宜熱；焙，鐺宜溫。凡炒，止可一握，候鐺微炙手，置茶鐺中，札札有聲，急手炒匀；出之箕上，薄攤用扇搧冷，略加揉挼。再略炒，入文火鐺焙乾，色如翡翠。若出鐺不扇，不免變色。茶葉新鮮，膏液具足，初用武火急炒，以發其香。

——羅廩《茶解》

辨茶之優劣

茶之妙，在乎始造之精，藏之得法，泡之得宜。優劣定乎始鍋，清濁係乎末火。火烈香清，鍋寒神倦。火猛生焦，柴疏失翠。久延則過熟，早起卻還生。熟則犯黃，生則著黑。順那則甘，逆那則澀。帶白點者無妨，絕焦點者最勝。

——張源《茶錄》

焙火造茶

新採，揀去老葉及枝梗碎屑。鍋廣二尺四寸，將茶一斤半焙之，候鍋極熱始下茶。急炒，火不可緩。待熟方退火，徹入篩中，輕團那數遍，復下鍋中，漸漸減火，焙乾為度。中有玄微，難以言顯。火候均停，色香全美，玄微未究，神味俱疲。

——張源《茶錄》

好茶還需妙手焙

天下有好茶，為凡手焙壞；有好山水，為俗子妝點壞；有好子弟，為庸師教壞，真無可奈何耳。

——李日華《竹嬾茶衡》

採焙得宜見茶味

古人茶皆碾為團，如今之普洱，然失茶之真，
今人但焙而不碾，勝古人；然亦須採焙得宜，方見茶味。

——震鈞《茶説》

茶效

人飲真茶，能止渴、消食，除痰、少睡，利水道，明目、益思，除煩去膩。人固不可一日無茶，然或有忌而不飲，每食已，輒以濃茶漱口，煩膩既去而脾胃清適。凡肉之在齒間者，得茶漱滌之，乃盡消縮，不覺脱去，不煩刺挑也。而齒性便苦，緣此漸堅密，蠹毒自已矣。然率用中下茶。

——顧元慶、錢椿年《茶譜》

宜有節制

茶宜常飲，不宜多飲。常飲則心肺清涼，煩鬱頓釋；多飲則微傷脾腎，或泄或寒。蓋脾土原潤，腎又水鄉，宜燥宜溫，多或非利也。古人飲水飲湯，後人始易以茶，即飲湯之意。但令色香味備，意已獨至，何必過多，反失清洌乎。且茶葉過多，亦損脾腎，與過飲同病。俗人知戒多飲，而不知慎多費，余故備論之。

——許次紓《茶疏》

茶性皆清

茶之有性，猶人之有性也。人性皆善，茶性皆清。考之《本草》，茶味甘苦微寒，入心肺二經，消食下痰，止渴醒睡，解炙煿之毒，消痔漏之瘡，善利小便，兼療腹疼。又按：茶葉稟土之清氣，兼得春初生發之機，故其所主，皆以清肅為功；譬之風雅之士，清言妙理，自可以化強暴；非如任俠使氣，專務攻擊者也。

——陳元輔《枕山樓茶略》

綠茶功用

能消滯、去痰熱、除煩渴、清頭目、醒昏睡、解食積及燒炙之毒。但以其性寒，故勿多飲。多飲則消脂肪，寒胃，瘦人。綠茶以嫩者為良，粗者於人無益。

——胡秉樞《茶務僉載》

紅茶功用

紅茶功用與綠茶稍異，能中和消滯，解暑療煩，悅志醒睡，下氣利溫，亦微有消脂之功。微醉時，宜稍飲以舒酒力。若酩酊大醉時，則不宜飲，蓋茶汁會將酒氣引入膀胱，恐為患及腎。

——胡秉樞《茶務僉載》

擇果

茶有真香，有佳味，有正色。烹點之際，不宜以珍果、香草雜之。奪其香者，松子、柑橙、杏仁、蓮心、木香、梅花、茉莉、薔薇、木樨之類是也。奪其味者，牛乳、番桃、荔枝、圓眼、水梨、枇杷之類是也。奪其色者，柿餅、膠棗、火桃、楊梅、橙橘之類是也。

——顧元慶、錢椿年《茶譜》

煎湯法

用炭之有焰者，謂之活火，當使湯無妄沸。初如魚眼散佈，中如泉湧連珠，終則騰波鼓浪，水氣全消。此三沸之法，非活火不能成也。

——朱權《茶譜》

煎茶用薑鹽

唐人煎茶多用薑鹽，故鴻漸云：「初沸水，合量調之以鹽味……。」蘇子瞻以為茶之中等，用薑煎信佳，鹽則不可。余則以為二物皆水厄也。若山居飲水，少下二物以減嵐氣或可耳。而有茶，則此固無須也。

——田藝蘅《煮泉小品》

烹茶之法

烹茶之法，唯蘇吳得之。以佳茗入磁瓶火煎，酌量火候，以數沸蟹眼為節，如淡金黃色，香味清馥，過此而色赤，不佳矣。故前人詩云：「採時須是雨前品，煎處當來肘後方。」古人重煎法如此。

——陳師《茶考》

撮泡不宜

杭俗，烹茶用細茗置茶甌，以沸湯點之，名為「撮泡」。北客多哂之，予亦不滿。一則味不盡出，一則泡一次而不用，亦費而可惜……況雜以他菓，亦有不相入者……如燻梅、鹹筍、醃桂、櫻桃之類，尤不相宜……予每至山寺，有解事僧烹茶如吳中，置磁壺二小甌於案，全不用菓奉客，隨意啜之，可謂知味而雅緻者矣。

——陳師《茶考》

掌握火候

烹茶旨要，火候為先。爐火通紅，茶瓢始上。扇起要輕疾，待有聲，稍稍重疾，斯文武之候也。過於文，則水性柔；柔則水為茶降；過於武，則火性烈，烈則茶為水制。皆不足於中和，非茶家要旨也。

——張源《茶錄》

泡茶法

探湯純熟便取起，先注少許壺中，祛蕩冷氣，傾出，然後投茶。茶多寡宜酌，不可過中失正。茶重則味苦香沉，水勝則色清氣寡。兩壺後，又用冷水蕩滌，使壺涼潔。不則減茶香矣。確熟，則茶神不健，壺清，則水性常靈。稍俟茶水沖和，然後分釃布飲。釃不宜早，飲不宜遲。早則茶神未發，遲則妙馥先消。

——張源《茶錄》

投茶有序

投茶有序，毋失其宜。先茶後湯，曰下投；湯半下茶，復以湯滿，曰中投；先湯後茶，曰上投。春、秋中投，夏上投，冬下投。

——張源《茶錄》

湯辨

湯有三大辨、十五小辨：一曰形辨，二曰聲辨，三曰氣辨。形為內辨，聲為外辨，氣為捷辨。如蝦眼、蟹眼、魚眼連珠，皆為萌湯，直至湧沸如騰波鼓浪，水氣全消，方是純熟。如初聲、轉聲、振聲、驟聲，皆為萌湯，直至無聲，方是純熟。如氣浮一縷、二縷、三四縷及縷亂不分，氤氳亂繞，皆為萌湯，直至氣直沖貫，方是純熟。

——張源《茶錄》

湯用老嫩

蔡君謨湯用嫩而不用老，蓋因古人製茶，造則必碾，碾則必磨，磨則必羅，則茶為飄塵飛粉矣。於是和劑，印作龍鳳團，則見湯而茶神便浮，此用嫩而不用老也。今時製茶，不假羅磨，全具元體，此湯須純熟，元神始發也。故曰湯須五沸，茶奏三奇。

——張源《茶錄》

烹茶要點

未曾汲水，先備茶具，必潔必燥，開口以待。蓋或仰放，或置瓷盂，勿竟覆之。案上漆氣、食氣，皆能敗茶。先握茶手中，俟湯既入壺，隨手投茶湯，以蓋覆定。三呼吸時，次滿傾盂內，重投壺內，用以動盪香韻，兼色不沉滯。更三呼吸，頃以定其浮薄，然後瀉以供客，則乳嫩清滑，馥郁鼻端。

——許次紓《茶疏》

茶湯相合

茶貴甘潤，不貴苦澀，惟松蘿、虎丘所產者極佳，他產皆不及也。亦須烹點得應，若初烹輒飲，其味未出，而有水氣；泛久後嘗，其味失鮮，而有湯氣。試者先以水半注器中，次投茶入，然後溝注。視其茶湯相合，雲腳漸開，乳花溝面。少啜則清香芬美，稍益潤滑而味長，不覺甘露頓生於華池。

——黃龍德《茶說》

沖泡得法

水煮既熟，然後量茶罐之大小，下茶葉之多寡。……若先放茶葉於濕罐內，則茶為濕氣所侵，縱水熟下泡，茶心未開；茶心不開，則香氣不出。必須將沸湯先傾入罐，有三分之一，然後放下茶葉，再用熟水滿傾一罐，蓋密勿令泄氣。如此飲之，則滋味自長矣。外有用滾水先傾入罐中，洗溫去水，再下茶葉；此亦一法也。

——陳元輔《枕山樓茶略》

茶貴新，水要活

汲泉道遠，必失原味。唐子西云：「茶不問團銙，要之貴新；水不問江井，要之貴活。」……蓋建安皆碾磑茶，且必三月而始得，不若今之芽茶，於清明、穀雨之前陟採而降煮也。數千步取塘水，較之石泉新汲，左杓右鐺，又何如哉？余嘗謂二難具享，誠山居之福者也。

——田藝蘅《煮泉小品》

品泉

茶者水之神，水者茶之體。非真水莫顯其神，非精茶曷窺其體。山頂泉清而輕，山下泉清而重，石中泉清而甘，砂中泉清而洌，土中泉淡而白。流於黃石為佳，瀉出青石無用。流動者愈於安靜，負陰者勝於向陽。真源無味，真水無香。

——張源《茶錄》

各地泉水

井水美者，天下知鍾泠（鍾泠、中泠、鍾靈、中靈，在古人的筆下，指的都是同一口泉水。）泉矣。然而焦山一泉，余曾味過數四，不減鍾泠。惠山之水，味淡而清，允為上品。吾杭之水，山泉以虎跑為最，老龍井、真珠寺二泉亦甘。

北山葛仙翁井水，食之味厚。城中之水，以吳山第一泉首稱，予品不若施公井、郭婆井二水清冽可茶。若湖南近二橋中水，清晨取之，烹茶妙甚，無伺他求。

——高濂《茶箋》

龍井泉

今武林諸泉，惟龍泓入品，而茶亦惟龍泓山為最。……又其上為老龍泓，寒碧倍之，其地產茶，為南北山絕品。……郡志亦只稱寶雲、香林、白雲諸茶，皆未若龍泓之清馥雋永也。余嘗一一試之，求其茶泉雙絕，兩浙罕伍云。

龍泓今稱龍井，因其深也。郡志稱有龍居之，非也。蓋武林之山，皆發源天目，以龍飛鳳舞之讖，故西湖之山，多以龍名，非真有龍居之也。

——田藝蘅《煮泉小品》

惠山泉和玉泉

昔陸羽品泉，以山泉為上，此言非真知味者不能道。余遊蹤南北，所賞南則惠泉、中泠、雨花臺、靈谷寺、法靜寺、六一、虎跑，北則玉泉、房山孔水洞、潭柘、龍池。大抵山泉實美於平地，而惠山及玉泉為最。惠泉甘而芳，玉泉甘而洌，正未易軒輊。

——震鈞《茶說》

茶甌以饒瓷為上

茶甌，古人多用建安所出者，取其松紋兔毫為奇。今淦窯所出者，與建盞同，但注茶，色不清亮，莫若饒瓷為上，注茶則清白可愛。

——朱權《茶譜》

宣德窯茶盞

茶盞惟宣窯壇盞為最，質厚白瑩，樣式古雅有等。宣窯印花白甌，式樣得中，而瑩然如玉；次則嘉窯心內茶字小盞為美。欲試茶色黃白，豈容青花亂之。注酒亦然，惟純白色器皿為最上乘品，餘皆不取。

——高濂《茶箋》

上佳茶壺

茶注以不受他氣者為良，故首銀次錫。上品真錫，力大不減，慎勿雜以黑鉛。雖可清水，卻能奪味。其次內外有油瓷壺亦可，必如柴、汝、宣、成之類，然後為佳。然滾水驟澆，舊瓷易裂，可惜也。近日饒州所造，極不堪用。

——許次紓《茶疏》

紫砂茶壺

往時龔春茶壺，近日時彬所製，大為時人寶惜。蓋皆以粗砂製之，正取砂無土氣耳。隨手造作，頗極精工，顧燒時必須火力極足，方可出窯……火力不到者，如以生砂注水，土氣滿鼻，不中用也。較之錫器，尚減三分。砂性微滲，又不用油，香不竄發，易冷易餿，僅堪供玩耳。其餘細砂及造自他匠手者，質惡製劣，尤有土氣，絕能敗味，勿用勿用。

——許次紓《茶疏》

宜興紫砂壺

茶至明代，不復碾屑、和香藥、製團餅，此已遠過古人。近百年中，壺黜銀錫及閩豫瓷而尚宜興陶，又近人遠過前人處也。陶曷取諸，取諸其製，以本山土砂，能發真茶之色香、味……至名手所作，一壺重不數兩，價重每一二十金，能使土與黃金爭價。

——周高起《陽羨茗壺系》

精製茶具

器具精潔，茶愈為之生色。用以金銀，雖云美麗，然貧賤之士，未必能具也。若今時姑蘇之錫注，時大彬之砂壺，汴梁之湯銚，湘妃竹之茶竈，宜、成窯之茶盞，高人詞客，賢士大夫，莫不為之珍重。即唐宋以來，茶具之精，未必有如斯之雅致。

——黃龍德《茶說》

壺宜小不宜大

壺供真茶，正在新泉活火，旋瀹旋啜，以盡色、聲、香、味之蘊。故壺宜小不宜大，宜淺不宜深，壺蓋宜盎不宜砥。湯力茗香，俾得團結氤氳；宜傾竭即滌，去厥渟滓……。

——周高起《陽羡茗壺系》

「和尚光」是賤相

壺入用久，滌拭日加，自發闇然之光，入手可鑒，此為書房雅供。若膩滓爛斑，油光爍爍，是曰「和尚光」，最為賤相。每見好事家，藏列頗多名製，而愛護垢染，舒袖摩挲，惟恐拭去。曰：「吾以寶其舊色爾。」不知西子蒙不潔，堪充下陳否耶？以注真茶，是藐姑射山之神人，安置煙瘴地面為，豈不舛哉！

——周高起《陽羨茗壺系》

沖泡必先洗宿氣

古今善字畫者，必將硯上宿墨洗淨，然後用筆，方有神采。茶氣最清，若用宿罐沖泡，宿碗傾貯，悉足奪茶真味。須於停飲之時，將罐淘洗，不留一片茶葉。臨用時，再用滾水洗去宿氣，始可沖泡。予往見山僧揖客餉茶時，猶將濕絹向茶碗內再三揩拭，此誠得茶中三昧者。

——陳元輔《枕山樓茶略》

銀製茶具

桑苧翁煮茶用銀瓢，謂過於奢侈。後用磁器，又不能持久，卒歸於銀。愚意銀者宜貯朱樓華屋，若山齋茅舍，惟用錫瓢，亦無損於香、色、味也。但銅鐵忌之。

——張源《茶錄》

茶宜溫燥忌冷濕

茶宜箬葉而畏香藥，喜溫燥而忌冷濕，故收藏之家，以蒻葉封裹入焙中，兩三日一次，用火當如人體溫，溫則去濕潤。若火多，則茶焦不可食矣。

又云：以中罈盛茶，十斤一瓶，每年燒稻草灰入大桶，茶瓶座桶中，以灰四面填桶，瓶上覆灰築實。每用，撥灰開瓶，取茶些少，仍復覆灰，再無蒸壞。次年換灰為之。

——高濂《茶箋》

藏茶法

造茶始乾，先盛舊盒中，外以紙封口。過三日，俟其性復，復以微火焙極乾，待冷，貯壜中。輕輕築實，以箬襯緊。將花筍箬及紙數重紮壜口，上以火煨磚冷定壓之，置茶育中。切勿臨風近火，臨風易冷，近火先黃。

——張源《茶錄》

去果

凡飲佳茶，去果方覺清絕，雜之則無辯矣。若必曰所宜，核桃、榛子、瓜仁、棗仁、菱米、欖仁、栗子、雞頭、銀杏、山藥、筍乾、芝麻、莒萵、萵巨、芹菜之類精製，或可用也。

——顧元慶、錢椿年《茶譜》

飲茶下茶果

今人薦茶，類下茶果，此尤近俗。縱是佳者，能損真味，亦宜去之。且下果則必用匙，若金銀，大非山居之器，而銅又生腥，皆不可也。若舊稱北人和以酥酪，蜀人入以白鹽，此皆蠻飲，固不足責耳。

——田藝蘅《煮泉小品》

品茶入雜

古者，茶有品香而入貢者，微以龍腦和膏，欲助其香，反失其真。煮而羶鼎腥甌，點雜棗、橘、蔥、薑，奪其真味者尤甚。今茶產於陽羨山中，珍重一時，煎法又得趙州之傳，雖欲啜時，入以筍、欖、仁、芹蒿之屬，則清而且佳。

——顧元慶、錢椿年《茶譜》

各式茶香

茶有真香，有蘭香，有清香，有純香。表裏如一曰純香，不生不熟曰清香，火候均停曰蘭香，雨前神具曰真香。更有含香、漏香、浮香、問香，此皆不正之氣。

——張源《茶錄》

茶色

茶以青翠為勝，濤以藍白為佳，黃黑紅昏俱不入品。
雪濤為上，翠濤為中，黃濤為下。
新泉活火，煮茗玄工，玉茗冰濤，當杯絕技。

——張源《茶錄》

茶味

味以甘潤為上，苦澀為下。

——張源《茶錄》

點染失真

茶自有真香，有真色，有真味。一經點染，便失其真。如水中著鹹，茶中著料，碗中著果，皆失真也。

——張源《茶錄》

茶過三巡意欲盡

一壺之茶，只堪再巡。初巡鮮美，再則甘醇，三巡意欲盡矣。余嘗……以初巡為停停嫋嫋十三餘，再巡為碧玉破瓜年，三巡以來綠葉成陰矣。

——許次紓《茶疏》

茶貴輕靈

茶之色重、味重、香重者，俱非上品。松羅香重，六安味苦而香與松羅同；天池亦有草萊氣，龍井如之；至雲霧，則色重而味濃矣。嘗啜虎丘茶，色白而香似嬰兒肉，真精絕。

——熊明遇《羅岕茶記》

羅岕色淡如玉

茶色貴白，然白亦不難。泉清瓶潔，葉少水洗，旋烹旋啜，其色自白。然真味抑鬱，徒為目食耳。若取青綠，則天池、松蘿及岕之最下者，雖冬月，色亦如苔衣，何足為妙。莫若余所收洞山茶，自穀雨後五日者，以湯薄浣，貯壺良久，其色如玉；至冬則嫩綠，味甘色淡，韻清氣醇，亦作嬰兒肉香，而芝芬浮蕩，則虎丘所無也。

——熊明遇《羅岕茶記》

茶色貴白

茶須色、香、味三美具備。色以白為上，青綠次之，黃為下。香如蘭為上，如蠶豆花次之。味以甘為上，苦澀斯下矣。茶色貴白。白而味覺甘鮮，香氣撲鼻，乃為精品。蓋茶之精者，淡固白，濃亦白，初潑白，久貯亦白。味足而色白，其香自溢，三者得則俱得也。

——羅廩《茶解》

虎丘茶配惠泉水

虎丘氣芳而味薄，乍入碗，菁英浮動，鼻端拂拂，如蘭初拆，經喉吻亦快然，然必惠麓水，甘醇足佐其寡。

——李日華《竹嬾茶衡》

龍井茶配虎跑泉水

龍井味極腆厚，色如淡金，氣亦沈寂，而咀啖之久，鮮腴潮舌，又必藉虎跑，空寒熨齒之泉發之，然後飲者領雋永之滋，而無昏滯之恨耳。

——李日華《竹嬾茶衡》

紅茶四要

紅茶以條、色、香、味四者為要。
其條索要結實勿鬆，兩頭皆圓，細均勻者為上。
其色在沖泡前如鐵板色者為佳；
開水泡開後其色如新鮮豬肝色並帶朱紅點者為上等。
茶色貴在純一，最忌花雜、枯槁、焦黃；
以潤澤而耀眼鮮明者為美，其味奧妙殊深。

——胡秉樞《茶務僉載》

紅茶甘潤生津

要之，應以甜滑生津而不澀，飲後雖時過而猶芬芳甘潤，有一種難以言狀之奇味，齒頰留香者為最上。其次為馥郁濃美，生津滌煩，除渴卻暑，消滯去脹者為上等。紅茶之香出乎天然，亦賴製做之功及薰襲之法。所謂自然之香者，乃天然道地之美，其葉芬芳，香遍四座，清香馥郁，沁人心脾。飲之則齒頰留香，臟腑如霑甘露，令人難忘也。

——胡秉樞《茶務僉載》

茶不可越宿

……俗夫強作解事，謂時壺質地堅結，注茶越宿，暑月不餿，不知越數刻而茶敗矣，安俟越宿哉！況真茶如蓴脂，採即宜羹，如筍味觸風隨劣。悠悠之論，俗不可醫。

——周高起《陽羡茗壺系》

茶如佳人

茶如佳人，此論雖妙，但恐不宜山林間耳。昔蘇子瞻詩「從來佳茗似佳人」，曾茶山詩「移人尤物眾談誇」，是也。若欲稱之山林，當如毛女、麻姑，自然仙風道，不浼煙霞可也。必若桃臉柳腰，宜亟屏之銷金帳中，無俗我泉石。

——田藝蘅《煮泉小品》

忌牛飲

煮茶得宜，而飲非其人，猶汲乳泉以灌蒿蕕，罪莫大焉。飲之者一吸而盡，不暇辨味，俗莫甚焉。

——田藝蘅《煮泉小品》

客少為貴

飲茶以客少為貴，客眾則喧，喧則雅趣乏矣。獨啜曰神，二客曰勝，三四曰趣，五六曰泛，七八曰施。

——張源《茶錄》

茶所

小齋之外，別置茶寮。高燥明爽，勿令閉塞……寮前置一几，以頓茶注、茶盂，為臨時供具，別置一几，以頓他器。傍列一架，巾帨懸之，見用之時，即置房中。斟酌之後，旋加以蓋，毋受塵汙，使損水力。炭宜遠置，勿令近爐，尤宜多辦宿乾易熾。爐少去壁，灰宜頻掃。

——許次紓《茶疏》

宜飲之時

心手閒適　披詠疲倦　意緒棼亂
聽歌聞曲　歌罷曲終　杜門避事
鼓琴看畫　夜深共語　明窗淨几
洞房阿閣　賓主款狎　佳客小姬
訪友初歸　風日晴和　輕陰微雨
小橋畫舫　茂林修竹　課花責鳥
荷亭避暑　小院焚香　酒闌人散
兒輩齋館　清幽寺觀　名泉怪石

——許次紓《茶疏》

宜輟之時

作字　觀劇　發書柬　大雨雪
長筵大席　繙閱卷帙　人事忙迫
及與上宜飲時相反事

——許次紓《茶疏》

不宜用之器具

惡水　敝器　銅匙　銅銚

木桶　柴薪　麩炭、粗童

惡婢　不潔巾帨　各色果實香藥

——許次紓《茶疏》

不宜近之處所

陰室　廚房　市喧　小兒啼
野性人　童奴相閧　酷熱齋舍

——許次紓《茶疏》

品茶是清事

品茶最是清事，若無好香在爐，遂乏一段幽趣。焚香雅有逸韻，若無名茶浮碗，終少一番勝緣。是故茶、香兩相為用，缺一不可。饗清福者，能有幾人？

……余謂一日不飲茶，不獨形神不親，且語言亦覺無味矣。

——徐𤊹《茗譚》

烹茶不必焚香

賞名花，不宜更度曲；烹精茗，不必更焚香。恐耳目口鼻互牽，不得全領其妙也。

——李日華《竹嬾茶衡》

飲茶之樂

幽竹山窗，鳥啼花落，獨坐展書。新茶初熟，鼻觀生香，睡魔頓卻，此樂正索解人不得也。

——徐㶿《茗譚》

茶事清雅

茶事極清，烹點必假姣童、季女之手，故自有致。若付虯髯蒼頭，景色便自作惡。縱有名產，頓減聲價。名茶每於酒筵間遞進，以解醉翁煩渴，亦是一厄。

——徐𤊹《茗譚》

四季皆可飲茶

飲不以時為廢興，亦不以候為可否，無往而不得其應。若明窗淨几，花噴柳舒，飲於春也；涼亭水閣，松風蘿月，飲於夏也；金風玉露，蕉畔桐陰，飲於秋也；暖閣紅爐，梅開雪積，飲於冬也。

——黃龍德《茶説》

飲茶情趣多端

僧房道院，飲何清也；山林泉石，飲何幽也；焚香鼓琴，飲何雅也；試水斗茗，飲何雄也；夢迴卷把，飲何美也。古鼎金甌，飲之富貴者也；瓷瓶窯盞，飲之清高者也。較之呼盧浮白之飲，更勝一籌。即有「瓮中百斛金陵春，當不易吾爐頭七碗松蘿茗」。若夏興冬廢，醒棄醉索，此不知茗事者，不可與言飲也。

——黃龍德《茶說》

飲茶不得其趣

飲茶貴得茶中之趣，若不得其趣而信口哺啜，與嚼蠟何異！雖然趣固不易知，知趣亦不難。遠行口乾，大鍾劇飲者不知也；酒酣肺焦，疾呼解渴者不知也；飯後漱口，橫吞直飲者不知也；井水濃煎，鐵器慢煮者不知也必也。

——陳元輔《枕山樓茶略》

山窗涼雨，淺斟細嚼

山窗涼雨，對客清談時知之；躡屐登山，扣舷泛棹時知之；竹樓待月，草榻迎風時知之；梅花樹下，讀《離騷》時知之；楊柳池邊，聽黃鸝時知之。知其趣者，淺斟細嚼，覺清風透入五中，自下而上，能使兩頰微紅，冬月溫氣不散，周身和暖，如飲醇醪，亦令人醉。

——陳元輔《枕山樓茶略》

《茶書雋語》

策　　劃：吳瑞卿
編　　者：鄭培凱
責任編輯：冼懿穎
封面設計：張毅
出　　版：商務印書館（香港）有限公司
香港筲箕灣耀興道三號東滙廣場八樓
http://www.commercialpress.com.hk
發　　行：香港聯合書刊物流有限公司
香港新界荃灣德士古道 220-248 號
荃灣工業中心 16 樓
印　　刷：中華商務彩色印刷有限公司
香港新界大埔汀麗路 36 號中華商務印刷大廈 14 字樓
版　　次：二〇二三年十二月第一版第二次印刷

ISBN 978 962 07 5560 6
Printed in Hong Kong